品成

阅读经典 品味成长

我的未来

我的包袱

我的金钱

我的身体

我的表达

我的他人

我的情绪

我的大脑

我是谁

从今天开始爱自己

　　翻开这本书的第一页，我相信你是激动、兴奋的，当然也是期待的。因为你知道，接下来的每一天，你都会为了更爱自己而做一些小小的事情；当然你也可能会担心，完成书中的练习后，你是否真的能成为自己期待中更好的模样。

　　无论此刻你的感受如何，请允许我问你：你心中最好的自己是什么模样？当那个理想中的你真正出现时，你会有怎样的感受？当你看到这句话时，是失落还是兴奋？是焦虑还是愉悦？你的失落与焦虑，是否源于始终不敢做真实的自己？你是否压抑内心需求，是否害怕被他人否定？你是否担忧梦想一旦说出口，就会遭遇嘲讽？又或者，你此刻正心潮澎湃——因为深知自己始终在努力提升，终将蜕变为期待中更好的模样？

　　无论你有怎样的情绪与想法，请允许我告诉你：亲爱的，你很好。

　　在我的咨询生涯中，曾遇到许多 20 岁、30 岁甚至 60 岁的来访者。他们中的大多数人，无论男女，都存在一个共同困境：不够爱自己。当被要求书写自己的优点时，他们总会苦笑着说："让我写缺点倒更快些。"他们渴望自爱，却始终未能学会真正接纳自己。

　　如果你此刻正经历类似的迷茫，接下来让我们一起完成一个练习。

　　请闭上眼睛，想象自己最好的模样。设想十年后你理想的生活图景，但要记住，不要自我设限，总想着"不可能""我做不到"；不要顾虑他人眼光，不用担心会被他人嘲笑；不要沉溺虚幻，想象会像灰姑娘一样遇到王子。

当你足够坚定地想象那个由你主导的未来时，请认真回答以下问题。

■ 十年后的你正在做什么？你是职场高管、自由职业者，还是公益践行者？

■ 十年后的你保持怎样的生活方式？外在形象如何？发型、妆容、着装风格与日常习惯如何？身边有几位知心朋友？如何与所爱之人相处？是否拥有子女？孩子在做什么？

■ 十年后的你对自己的人生是否满意？

这些问题的答案越具体越好。试着让那个画面在脑海中清晰呈现，如同一张照片。

现在，请将这份未来图景写下来，作为给十年后的自己的礼物。这个练习的意义在于：当你开始描绘理想自我时，改变已悄然发生。当然，通往更好的自己需要持续努力，但这份努力本身，就值得未来的你为之骄傲。

如果你已感受到内在力量的萌发，请继续完成这99天的成长练习。当自我怀疑浮现时（"万一失败怎么办？""别人会嘲笑我吗？"），请记住：真正的自爱包含以下三个维度。

1. 全然接纳自己，包括自己的优点与缺点，对自己保持理解与慈悲。

2. 爱是责任，不是放纵。克制即时满足欲望，远离消耗性选择。

3. 爱自己不是自恋，不是自负，而是有慈悲心。真正爱自己的人不会强调自我的独特性，不会觉得自己比别人强，不会低看别人，也不用非要当强者。因为爱一直存在，爱就在心里。

　　最后，我想告诉你：此刻若尚未学会自爱，绝非你的过错。爱本就需要练习，它从来不是静止的状态，而是持续的行动。当你真正开始爱自己，那份爱就会如涟漪般不断扩散——因为爱，本就是内心最强大的生命力。

目 录

第1章 我是谁：我不做自己的加害者

第 1 天　我的不完美造就了完美的我 2
第 2 天　任何人，都不要踩我的雷区 4
第 3 天　从此刻开始，我的身体只享受赞扬，不收差评 6
第 4 天　送自己一朵小红花 8
第 5 天　涂个口红，姐今天是女王 10
第 6 天　拥有甘于平凡的勇气 12
第 7 天　首先要爱自己，其次都是其次 14
第 8 天　我爱你，最熟悉的陌生人 16
第 9 天　人人都有优点，我也是 18
第 10 天　睡前原谅自己 20
第 11 天　我选择永远给自己兜底 22

第2章 我的大脑：认知觉醒的练习

第 12 天　改变思维定势，接近事实和真相 26
第 13 天　原来我以为的只不过是我以为的 28
第 14 天　换个姿势穿衣服 30
第 15 天　深入认识自己 32
第 16 天　换个视角看世界，世界变了 34
第 17 天　避免反刍，坏事也能变好事 36
第 18 天　看一部推理剧 38
第 19 天　做一天"观察者" 40
第 20 天　换位思考，你的感觉我懂 42
第 21 天　一成不变需要改变 44
第 22 天　如果我是他 46

第 3 章　我的情绪：允许情绪流淌过

第 23 天　劳动使我快乐 50
第 24 天　吐槽是管理情绪的好方法 52
第 25 天　在嘈杂的世界里躲起来 54
第 26 天　我可以生气，而且可以生大气 56
第 27 天　抱抱自己，又活了一天 58
第 28 天　人生啊，没什么大不了 60
第 29 天　今天我是 NPC 62
第 30 天　别纠结啦，别被情绪牵着走 64
第 31 天　哭吧，到我怀里来 66
第 32 天　用标签解构情绪 68
第 33 天　身体累到腰酸背痛，心也就休息了 70

第 4 章　我的他人：我是关系中的 NPC

第 34 天　我给自己安全感 74
第 35 天　做自己的内在父母 76
第 36 天　接纳真实的父母 78
第 37 天　学会说不，不再讨好 80
第 38 天　我有资格提要求 82
第 39 天　迪香式微笑 84
第 40 天　我只选择有利于我的 86
第 41 天　会听才是真本事 88
第 42 天　我只对自己负责 90
第 43 天　温柔而精准地回应 92
第 44 天　任何消耗你的人或事，多看一眼都不对 94

第 **5** 章　我的表达：沟通这块，没输过

第 45 天　求抱抱..98
第 46 天　谢谢，我不想要......................................100
第 47 天　积极反馈，让爱流动............................102
第 48 天　赞美他人..104
第 49 天　别害怕冲突..106
第 50 天　幽默是生活的艺术................................108
第 51 天　沉默是金，沉默是爱............................110
第 52 天　感恩之心不可无....................................112
第 53 天　对不起，我错了....................................114
第 54 天　没有什么仇恨是爱化解不了的............116
第 55 天　会要的人，才幸福................................118

第 **6** 章　我的身体：我的快乐，身体知道

第 56 天　新的一天，从自信的动作开始............122
第 57 天　我的身体需要它....................................124
第 58 天　早早陪身体睡觉....................................126
第 59 天　定期体检..128
第 60 天　散步体验..130
第 61 天　冥想、静坐、放松................................132
第 62 天　学习新运动..134
第 63 天　深呼吸法..136
第 64 天　气味的诱惑..138
第 65 天　身体之美..140
第 66 天　我是大厨师..142

第**7**章　我的金钱：小富婆计划开始咯

第 67 天　存钱，会上瘾 146
第 68 天　是时候进行预算管理了 148
第 69 天　戒掉不必要的消费 150
第 70 天　离还清债务又近了一步 152
第 71 天　人赚不到认知以外的钱 154
第 72 天　退休计划 156
第 73 天　紧急基金，应对不安的世界 158
第 74 天　花钱能买来快乐 160
第 75 天　利他，在具体的行动里 162
第 76 天　学习，才能致富 164
第 77 天　互送礼物 166

第**8**章　我的包袱：身心断舍离

第 78 天　控制物欲 170
第 79 天　不许说"我" 172
第 80 天　情感减负 174
第 81 天　慢下来，一切都美好起来 176
第 82 天　今天，请你们离开我 178
第 83 天　关机，准备读书 180
第 84 天　扔掉垃圾 182
第 85 天　衣服断舍离 184
第 86 天　一个苹果的正念觉察 186
第 87 天　信息排毒 188
第 88 天　心愿记录 190

第**9**章　我的未来：给自己一个美好的未来

第89天　立下小目标 194
第90天　我会变得更强大 196
第91天　学习一项新技能 198
第92天　合理的时间管理计划 200
第93天　睡前谢谢自己 202
第94天　我完全爱我自己 204
第95天　认识新朋友 206
第96天　我要进步 208
第97天　谢谢你出现在我生命里 210
第98天　生命不能承受之重 212
第99天　更美好的自己已经出现 214

第 1 章
我是谁

我不做自己的
加害者

第1天

我的不完美造就了完美的我

如果我们的人生是一张白纸，那么人生中的不完美，比如让人感到遗憾的事情，那些伤害过我们的人、事，或许就是我们无法避免的"小黑点"。

学会把"小黑点"转换成独特、闪光的画面吧！
请你补充下面这幅图，最好用彩色的笔来画这幅画。

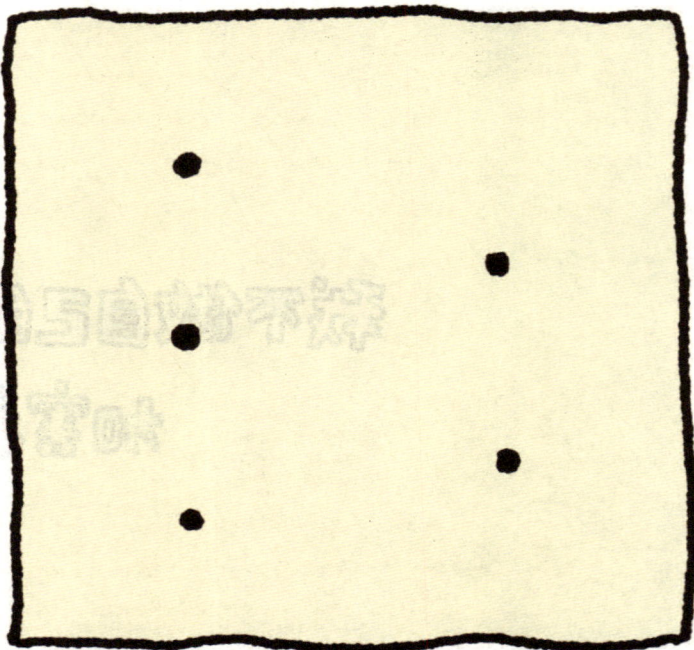

接纳是一种态度，
更是一种能量。

第2天
任何人，都不要踩我的雷区

写出你最不喜欢听到别人对你说的三句话，
并写一写为什么。

第一句：＿＿＿＿＿＿＿＿＿＿

为什么：＿＿＿＿＿＿＿＿＿

第二句：＿＿＿＿＿＿＿＿＿＿

为什么：＿＿＿＿＿＿＿＿＿

第三句：＿＿＿＿＿＿＿＿＿＿

为什么：＿＿＿＿＿＿＿＿＿

你最不喜欢听的话，往往能触及你内心最柔软、最敏感的地方。

这些地方可能隐藏着你的不安、恐惧或自卑，是你不愿意面对或承认的部分。

那么，我们应该无条件接受别人的评价，做出改变吗？

不，你要呵护内心的最柔软处，免遭他人的伤害。

第3天

从此刻开始，我的身体只享受赞扬，不收差评

洗完澡后，对着镜子里的自己说："好美，你是这个世界上独一无二的存在。"

千万不要说："你好丑，你好胖。"

今天，你给自己好评了吗？

不知道怎么 **赞美自己** 的身体吗？

跟着念，

大声念，

快乐地念：

- 我爱我的身体，它是我灵魂的居所。
- 我的身体是完美的，它按照它自己的节奏和方式运作。
- 我感谢我的身体，它支持我完成每一天的任务。
- 我身体的每一个部分都在为我服务，它们都是美丽的。
- 我接受并爱着我身体的每一条曲线。
- 我的身体是健康的，它拥有治愈自己的能力。
- 我值得拥有一个健康、充满活力的身体。
- 我身体里的每一个细胞都充满了爱和喜悦。
- 我欣赏并感激我身体的每一个独特之处。
- 我身体的美丽不仅仅在于外表，更在于它所承载的力量和爱。

第4天
送自己一朵小红花

送给自己一朵花，你送给自己的是 _____。

哄自己开心是 **最有价值** 的行动。
送自己一朵花，
奖励自己又活了一天，
让 **鲜花** 带走失落和委屈吧。

第5天
涂个口红，姐今天是女王

早晨，出门前，给自己
涂了＿＿＿＿＿＿色的口红。

太好了，

今天又没白活！

第6天
拥有甘于平凡的勇气

写出你的五个缺点，写完后看看自己的感受是什么。

缺点一：_____

我的感受：_____

缺点二：_____

我的感受：_____

缺点三：_____

我的感受：_____

缺点四：_____

我的感受：_____

缺点五：_____

我的感受：_____

平凡如 种子 ，

在静默中积蓄 破土 的力量 。

第7天

首先要爱自己，其次都是其次

写出你的十个优点，每个优点后面都要写上具体事件。

优点一：
具体事件：

优点六：
具体事件：

优点二：
具体事件：

优点七：
具体事件：

优点三：
具体事件：

优点八：
具体事件：

优点四：
具体事件：

优点九：
具体事件：

优点五：
具体事件：

优点十：
具体事件：

不是只有金子才会发光呀！

第8天

我爱你,最熟悉的陌生人

找一面镜子,最好是能照到全身的镜子。
现在,请你仔细地看着镜子里的人,请你仔细看看她的脸。

她是圆脸还是瓜子脸?她脸上的皮肤是紧致的,还是松弛的?
请你仔细看看,然后轻轻地摸一摸她的脸。当你摸着她的脸时,
请你再认真地看看她的眼睛。她的眼神是什么样子的?是充满了
欣赏、喜欢,还是充满了落寞、哀怨?

无论她的眼神如何,请你对着她微笑。
对,无论你能不能笑出来,也请你对她充满爱意地笑。因为她是
陪着你一起长大的人,无论以前你经历过什么,她都不离不弃,
一直陪着你。

请你再仔细地看着她,想一想:
镜子里的这个人,你喜欢她吗?你看着她,觉得陌生吗?在平时
的生活中,你有没有亏欠过她,有没有忽略过她?你有多久没有
认真对她说"我很爱你"这句话了?

请你看着她,轻声对她说"我爱你"。

如果你喜欢自己，

你内心就会感到 **愉悦、满足**。

第9天
人人都有优点，我也是

找到三个人，一个朋友、一个家人、一个同事，
分别问他们："你觉得我的优点是什么？"

他是 _____
他说我的优点是 _____
_____

他是 _____
他说我的优点是 _____
_____

他是 _____
他说我的优点是 _____
_____

看到这些优点,我的感觉是 _____

18

在这个世界上，
人人都有优点，~ ⭐
我也是。

第10天
睡前原谅自己

晚上睡觉前，对着镜子读这段话：

我是全世界最独一无二的人，我值得拥有全世界最美好的一切。此刻我很安定，我始终都会找到平静。我会陪着自己，事情都会解决，因为我就是自己人生的主角，每件事情的发生都是在帮助我。如果有人离开了我，那是生活在教会我接纳。

我允许一切发生。我允许自己喜悦、允许自己悲伤，因为我能从中获得无限的力量；我允许自己痛苦，允许自己焦虑，因为它们都会慢慢过去，我始终会回到这里，这个平静和安宁的地方。

当我有 掌控权 时，

我就可以过上我 想要 的生活。

第11天
我选择永远给自己兜底

你已经完成了爱自己的十件事,

给自己准备一个礼物作为奖励吧!

你准备了什么礼物? ——————————。

想到这个礼物你就有 ————————————的感觉。

第 **2** 章
我的大脑

认知觉醒的
练习

第12天

改变 思维定势，接近事实和真相

一位公安局局长在茶馆里和一个老人下棋，正下得难分难解时，跑来了一个孩子。孩子着急地对公安局局长说："你爸爸和我爸爸吵起来了。"

老人问："这孩子是你的什么人？"

公安局局长答道："是我的儿子。"

请问，这两个吵架的人分别与公安局局长是什么关系？

"你爸爸"是公安局局长的 ＿＿＿＿＿＿＿＿。

"我爸爸"是公安局局长的 ＿＿＿＿＿＿＿＿。

你纠结了 ＿＿＿＿ 分钟才想出来这个答案。

破圈破的就是思维定势。

答案提示：公安局局长是一位女性。

第13天

原来我以为的只不过是我以为的

今天这个训练需要你的一位家人和你一起完成。
请你们并排坐在客厅的沙发或者椅子上，环视客厅一周，
然后各自在心中选择客厅里的一样东西来代表自己，比
如电视机、茶几或沙发等，并且想一想为什么。

想好之后，与对方分享。

我好想了解你。

第14天

换个姿势穿衣服

以前你穿衣时的姿势：＿＿＿＿＿＿＿＿＿＿＿

这次你穿衣时的姿势：＿＿＿＿＿＿＿＿＿＿＿

换一个姿势穿衣服，你的感觉：＿＿＿＿＿＿

＿＿＿＿＿＿＿＿＿＿＿＿＿＿＿＿＿＿＿＿＿

硬着头皮，直面困难，你才有机会说：

呀，我挺厉害嘛。

第15天

深入认识自己

剖析自己

我的优势	我的机会

我的劣势	我的挑战

我要迎接挑战！

第16天

换个视角看世界，世界变了

回忆一件让你生气的事，按照下面的方式填写。

事件：_____
_____

我当时的想法：_____

换一个积极的想法：_____

我当时的做法：_____

换一个积极的做法：_____
_____

有时候转换一下视角，

不好 会变成 **美好** 。

第17天

避免反刍，坏事也能变好事

请把你之前写的自己的五个缺点拿出来看，然后看看这些缺点背后的优点是什么。（比如，缺点是懒惰，懒惰背后的优点是能想办法满足自己的需要，能让自己处于放松状态。）

缺点一：_____

缺点一的优点：_____

缺点二：_____

缺点二的优点：_____

缺点三：_____

缺点三的优点：_____

缺点四：_____

缺点四的优点：_____

缺点五：_____

缺点五的优点：_____

看到这些缺点背后的优点，你的感觉：

_____

没有绝对的对错，
缺点背后也有 **优点**。
懂得欣赏自己，
才会拥有更多 **快乐**。

第18天
看一部推理剧

今晚看一部推理剧或悬疑电影，你看的是 _____ 。

更新认知，拓宽视野，

是 **爱自己** 的一种方式。

第19天

做一天"观察者"

做一天"观察者"，偷偷地观察他人的一举一动、一言一行，这能让你更好地了解他人。

可以选定一个异性朋友作为观察对象，观察他如何与人沟通、处理事件。

他与人说话时的表情是怎样的？ _____

（比如严肃、愁眉不展、喜上眉梢、面无表情。）

他与人说话时的语气是怎样的？ _____

（比如沉着、温和、焦躁、兴奋。）

他与人说话时的肢体动作是怎样的？ _____

（比如双手抱胸、摸后脑勺、捋头发、摸鼻尖、搓手。）

他说话的方式是怎样的？ _____

（比如总喜欢夸赞自己，话题围绕着自己；给别人的评价总是负面的；说话言简意赅；有事说事，并不寒暄客套。）

好奇心 是人类的重要竞争力之一，了解他人是了解自己的一种方式。

第20天
换位思考，你的感觉我懂

试着换一只手拿筷子。你平时用 ＿＿＿ 手吃饭，今天中午用 ＿＿＿＿＿ 手。

你的感觉：＿＿

真正的**成功**都是从假装开始的。

第21天
一成不变需要改变

平时你上下班的交通方式是 _____。

今天你上下班的交通方式是 _____。

一成不变需要改变！

第22天

如果我是他

回忆身边的人最近发生的一件事，思考：

他这么做的原因是 _____。

如果你是他，你会 _____。

看清别人，
反思自己，
真的能获得 智慧 。

第 **3** 章

我的情绪

允许情绪
流淌过

第23天
劳动使我快乐

今天来个大扫除，花两小时把家里的犄角旮旯都扫干净。
然后把家里的地板擦得干干净净，马桶也刷得锃亮。
给自己一个干净的家。

劳动使我快乐！

第24天

吐槽是**管理情绪**的好方法

去吐槽吧，找一个好朋友，
跟他一起吐槽那些让你们委屈的事情。

吐槽对我来说，
就像是每天的 小确幸，
没它我还真不习惯。

第25天

在嘈杂的世界里躲起来

找一个没人打扰的时间，用一个薄毯紧紧地把全身包裹
起来，想象自己又回到了妈妈的肚子里。
至少保持这样 5 分钟哟，而且这个过程最好闭着眼睛。

孤独不是终点，
而是**起点**，
它引领我走向**更深**的自我探索。

第26天

我可以生气，而且可以生大气

找你的恋人或一个朋友，一起去买八个气球，用嘴使劲儿吹，将气球吹大后系紧，然后绑在脚上，互相用脚踩爆，看谁先把谁脚上的气球全踩爆。

愤怒是头狮子，
我要学会 **驯服** 它，
驾驭 它！

喵~

第27天

抱抱自己, 又活了一天

找出三个"夸夸点"夸自己。

1. 我已经坚持____天练习啦, 我好棒啊!

2. _____

   _____

3. _____

   _____

我真是 人间珍宝 ，
我忍不住想夸夸自己！

第28天

人生啊，没什么大不了

今晚看一部恐怖片、灾难片或者爱情悲剧。

没什么大不了。

第29天

今天我是 NPC

今天你要对至少五个人说：

行,听你安排

或

你说了算

今天绝对不能说"你要听我的"这五个字。

NPC：non-player character（非玩家角色），此处指代生活中不重要的人，非主角。

这个世界 **不会** 围着你转哦。

第30天

别纠结啦，别被情绪牵着走

纠结时对自己说三句话：

算了吧，无所谓。

没必要纠结，反正怎么选都可能
是错的，不如放过自己。

凡事都可以坚持，
但凡事都不能太过执着。

总会 好 的。

第31天

哭吧，到我怀里来

晚上回家，泡一壶花果茶或者倒一杯红酒，找一个人跟你一起聊聊天。

聊聊最近的生活趣闻，聊聊别人的八卦，聊聊你们的过去或未来。

如果在聊天的过程中你想哭，那就哭吧。

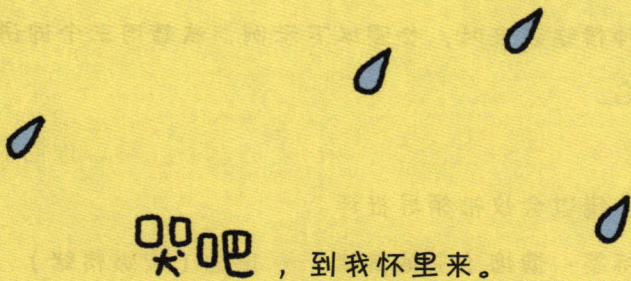

哭吧，到我怀里来。

第32天

用标签解构情绪

当某种情绪袭来时，参照以下示例，试着用三个词语为它命名。

事件：错过会议被领导批评

情绪标签：懊悔（主轴情绪）→ 焦虑（次级情绪）→
孤独（深层感受）

事件：_____
_____

情绪标签：___（主）
　　　⇨ ___（次）
　　　⇨ ___（深）

情绪如同包装复杂的礼物，

逐层 **拆解** 才能看见里面装着什么。

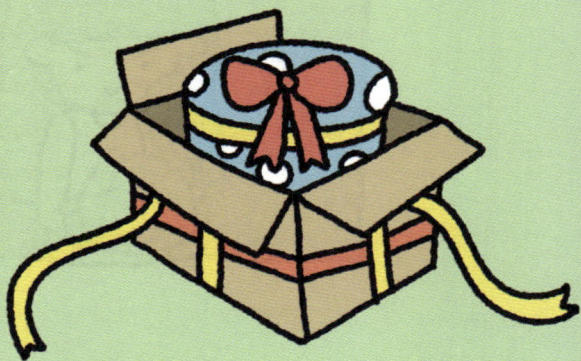

第33天

身体累到腰酸背痛，心也就休息了

上一节拳击体验课，去体验力量的释放。

一定要使劲儿打，打到自己腰酸背痛为止。

我爱上了 挥汗如雨，强大剽悍的 我自己。

第 4 章
我的他人

我是关系中的
NPC

第34天

我给自己安全感

找张白纸绘制属于你的安全岛。

1. 中央写下能给你带来安全感的核心元素（如：存款／某件收藏品／某个技能）。
2. 周围画三圈同心圆。
内圈：能随时获取的安全资源（充电书单／应急联系人）。
中圈：需要维护的安全屏障（隐私边界／健康作息）。
外圈：想要建立的防御机制（坏情绪屏蔽力／识人雷达）。

真正的安全不是坚如磐石，
而是清楚自己

何处软弱，何处坚韧。

第35天
做自己的内在父母

找一个安全、没人打扰的空间，将一把椅子放在你面前，
想象你的爸爸或妈妈坐在你面前。
把你对他们想说又不敢说的话，统统说出来。
就算泪流满面，歇斯底里，愤怒委屈，也要说出来。

释放压抑的情绪，生活才 **健康** 。

第36天

接纳 真实的父母

找找你和你父母身上相似的地方，最少找出五点。
可以是行为动作上的，可以是性格上的，也可以是口头禅、
价值观。

1

2

3

4

5

我接受你，但 。

第37天

学会说不，不再讨好

学会说"不"，拒绝他人并不丢脸，一味地讨好他人才丢脸。
学着拒绝他人一次，今天你拒绝了什么？

拒绝 是你的 权利。

第38天

我有资格提要求

在之前的练习中，你已经写下了你最不喜欢别人对你说的三句话，请把这三句话告诉你的家人，并跟他们说明原因。

记住哟，语气要温和一些，表情要柔和一些。

我有资格提要求。

第39天
迪香式 微笑

站在镜子前，保持挺胸站直的动作，想象头顶有一条金丝线在向上拉你，你会惊讶地发现，这个动作的确会让你信心倍增。

然后，露出坚定且柔软的眼神，目光不要闪躲，你的视线可以落在镜子里自己的鼻尖上。以后你跟别人聊天时就可这样做，会给别人一种你很关注、很尊重对方，同时你又很自信的感觉。

最后就是微笑，露出八颗牙，嘴角上扬，眼睛周围的肌肉自然收缩，让眼角出现一点点好看的皱纹。这就是心理学中著名的"迪香式微笑"，这种微笑自带强大的感染力，其他人看到也会不自觉地回赠你以微笑。这种微笑就是自信的源泉。

小知识

法国医生迪香通过实验发现，真正的微笑会引发眼角周围的皱纹出现，而假笑则不会。为了纪念这位科学家，人们将所有带有眼角皱纹的真心微笑称为"迪香式微笑"。这种微笑不仅美观，还具有深刻的心理学意义，能够传递友善、真诚和积极的情感信号。

你对世界笑，
世界也会对你笑！

第40天

我只选择有利于我的

给父母打个电话，跟他们说说你的不易。
你想跟他们说什么？

_____

_____

_____

_____

_____

给他们打电话时，如果他们又开始说教，你就笑着说"我现在有事"，然后挂断电话。

当你**温柔**下来的时候，

世界也**温柔**了。

第41天
会听才是真本事

跟他人沟通的时候，身体略微前倾，眼睛看着对方的鼻尖，眼神不要躲闪。

听对方说话的同时记得点头、微笑。

耐心 **倾听** 的人最有 魅力 。

第42天

我只对自己负责

如果你感到难过，就对着镜子读读下面的三句话，你会收获力量。

"我已经长大了，我可以为自己负责，我不需要背负任何人的命运，我有权选择自己的人生道路。"

"我值得被爱和被尊重，我会用尽一切办法为自己争取爱和尊重。"

"我不再恐惧问题的出现，我有能力并且有意愿去解决，我知道每一次挑战都是我成长的机会。"

学会给自己和别人划 界限

你才能拥有 想要 的人生。

第43天

温柔而精准地回应

今天与人对话时，用这种句式回应：

"我理解你的 ——（情绪词），
同时我认为 ——（自我立场）。"

示例如下。
同事抱怨："这个方案根本做不完！"
你的回应："我理解你的焦虑，同时我认为我们可以优先处理核心部分。"

对话对象：——————

对方原话：——————————。

你的回应：我理解你的____，同时我认为____

——————————————。

好的对话，
既要跟上 **对方** 的节奏，
又能踩准 **自己** 的落脚点。

第44天

任何消耗你的人或事，多看一眼都不对

画个太阳形状的能量圈，在每条光束里写下你的温暖守则，如睡前一小时不回复消息，对话中出现三次抱怨就转移话题。

真正的温暖是既能给别人 温暖 ，

也能帮自己隔绝 寒冷 。

第 5 章
我的表达

沟通这块，
没输过

第45天
求抱抱

下班到家后，见到恋人的第一时间，上去抱住他。

如果没有恋人，那就抱住自己。

抱的时间不用太长，30秒就好，但是你需要用点儿力气，紧紧地抱着他或自己。

拥抱时，温柔地对他或自己说："谢谢亲爱的一直陪着我。"

拥抱快乐，

拥抱 幸福！

第46天

谢谢。我不想要

你是不是也不懂得拒绝他人？

想一想曾经发生过的场景，当你面对别人的邀请时，你想拒绝却又不懂得拒绝。

这次，就说出"不"吧。

场景：＿＿＿＿＿＿＿＿＿＿＿＿＿＿＿＿

＿＿＿＿＿＿＿＿＿＿＿＿＿＿＿＿

以往反应：＿＿＿＿＿＿＿＿＿＿＿＿＿＿

＿＿＿＿＿＿＿＿＿＿＿＿＿＿＿＿

本次反应：＿＿＿＿＿＿＿＿＿＿＿＿＿＿

＿＿＿＿＿＿＿＿＿＿＿＿＿＿＿＿

本次感受：＿＿＿＿＿＿＿＿＿＿＿＿＿＿

＿＿＿＿＿＿＿＿＿＿＿＿＿＿＿＿

原来我也可以 **做自己** 。

第47天

积极反馈，让爱流动

今天你和谁聊天了？

现在，打开与那个人的对话框，或者直接面对那个人，

尝试对今天的聊天给出反馈。

我很喜欢跟你聊天，

因为你 _____

_____，

这些都给我留下了深刻印象。

希望我们以后有更愉快的交谈！

喜爱不应该只留在心底，
向对方发射我们的**能量**吧！

第48天

赞美他人

在之前的练习中，你从别人那里获得了他们给你的夸奖，今天轮到你去表扬他们啦！

你需要找出对方的三个优点，以及每个优点对应的具体事件。

记住哦，一定要有具体的事件。并且，你需要面对面地对他说，视频通话也可以。

你很可爱。

第49天

别害怕冲突

邀请你的恋人或朋友讨论一个问题，每个人表达五分钟。
表达句式可以是"我认为……"或"我感觉……"。
只说自己内心的感觉，不去批判他人。

我们 **不同** 又怎么样，
差异让关系更加珍贵。

第50天

幽默是生活的艺术

看一部喜剧电影吧，你好久没有开怀大笑啦。
如果有人陪，就跟他一起大笑。
一定是能让你笑出眼泪的那种电影哟！

人在笑的时候，会下意识看向自己喜欢的人。

你们 **看向对方** 了吗？

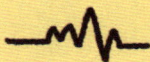

第51天

沉默是金，沉默是爱

真诚、耐心地看着你的恋人或朋友，
今天要做一个沉默的人。

让爱在 **静默** 中流动。

第52天
感恩之心 不可无

找三个你想要感谢的人，对他们说"谢谢"。

感激他人，

也让自己更加 知足。

第53天

对不起，我错了

对他说："对不起。"
这个他是谁？
你知道的。

最**强大**的人不是从不犯错的人，而是勇于表达歉意的人。

第54天

没有什么仇恨是爱化解不了的

在纸上抄一遍下面的文字，这就是你的休战书。
下次吵架时，就把休战书拿出来给对方看。

亲爱的 ___ ，

我爱你，我不想吵架，我想我们
俩好好的。

我们各自冷静五分钟，五分钟后
我们就和好，一起想想怎么解决
这件事，好吗？

荒谬当道，

爱 拯救之。

第55天

会要的人，才幸福

笑着向你的恋人或朋友要一个小礼物。

你想要的礼物是 _____

当他答应你时，你的感觉是 _____

_____

当他拒绝你时，你的感觉是 _____

_____

_____

我知道我 被爱着 。

第 6 章

我的身体

我的快乐，
身体知道

第56天

新的一天，从自信的动作开始

早晨醒来后，别急着起床。
像猫一样，趴在床上，伸直双手，撅着屁股，伸一个
大大的懒腰。

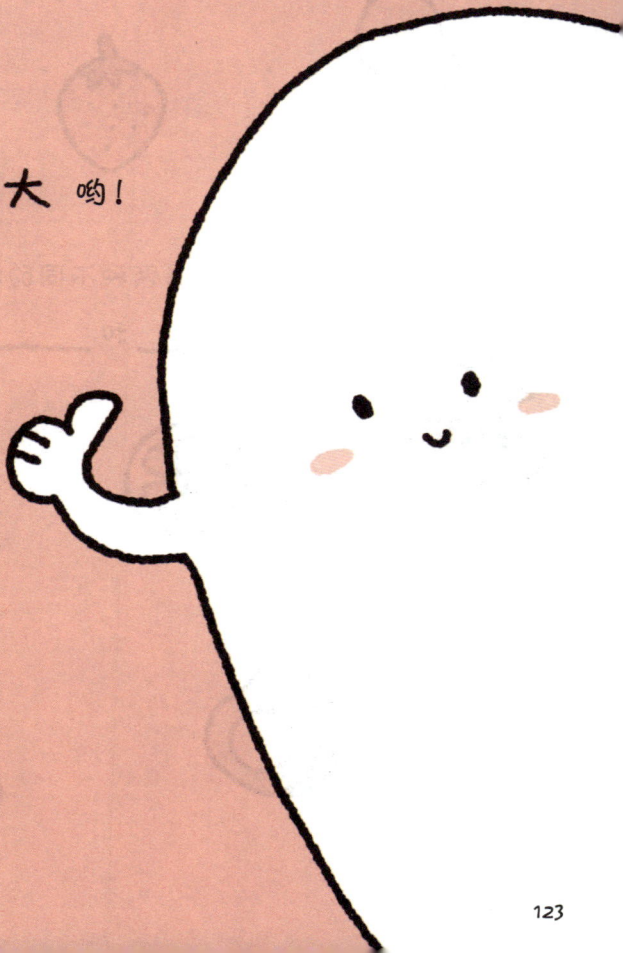

我很 **强大** 哟!

第57天

我的身体需要它

今天给自己准备两种不同的水果，

我准备了＿＿＿＿和＿＿＿＿。

为 身体 蓄满能量，
向 人生 注入活力。

第58天

早早陪身体睡觉

今晚得早点睡觉，我要在 ＿＿＿＿ 之前睡下。
睡前不要喝太多水哦。

晚安，做个好梦！

第59天
定期体检

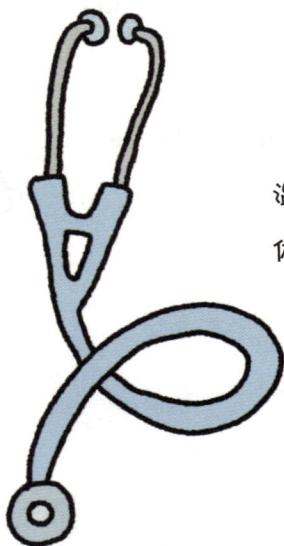

温馨提醒，算一算你有多久没体检了，是不是该体检了？

按时 **体检** 超重要！

第60天
散步体验

午休时间，吃完饭后可以去外面走走，今天我走了_____分钟。

在路上，拍一张风景照，哪怕拍的只是一片树叶或一朵小花也行。

能把你拍到的照片画在下面吗？

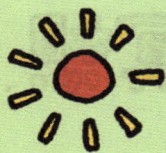

生活真美好，

我要 **好好** 享受。

第61天

冥想、静坐、放松

晚上睡觉前，双腿盘起，坐在床上，后背挺直，下颌微收，舌尖微抵软腭，双手掌心向上分别放在两个膝盖上，闭上眼睛。做三次深呼吸，先用鼻子吸气，感觉小腹微微隆起，再用嘴轻轻地把气吐出来。

就这样坐着，让自己全身放松，留意自己的每一次呼和吸，重复数次。尽量不让自己有任何的杂念，如果有也没事儿，重新让注意力回到呼吸上。

你可以在开始时设置一个 10 分钟的闹钟，铃声一定要轻柔一些。如果你愿意，可以每天都抽出 10 分钟静坐一下，你会获得很多的能量。

让心 **静** 下来。

第62天
学习新运动

提升一点运动技能吧，今天白天抽空查查，看看你想参加什么类型的运动，瑜伽、网球、游泳、马术……在自己的预算范围内，让自己增添点新运动技能吧。

你给自己报的是_____班。

很多时候，打击你的人，往往以支持你的形象出现。所以不管别人说什么，去学你想学的东西，去做你想做的事情，你就能成为你自己。

第63天
深呼吸法

使用下面的"478 深呼吸法"深呼吸 3 分钟，让自己放松下来。

深吸气 4 秒钟，憋住气 7 秒，然后慢慢地呼气 8 秒。

记住，用鼻子吸气，用嘴巴吐气。

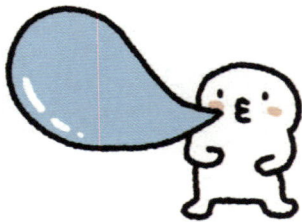

放松 是生命的节奏，
学会暂停，
才能走得更远。

第64天

气味的诱惑

挑一款你喜欢的卧室香薰，它的味道能让你整个卧室的
氛围变得 _____ ，
你选的味道是 _____ 。

爱需要 **经营**。

第65天
身体之美

找一个舒适安全的环境，脱掉衣服，调暗灯光，调整好呼吸。

盘腿而坐，骨盆和背直立稳定身体，双手轻柔地放在膝盖上。

闭上眼睛，想象你的骨盆是一片孕育生命的土壤，充满了蓬勃的生命力，在这片土壤上，你的脊柱稳稳地扎根，慢慢地生长、发芽、开出带着光亮的花朵。

面对这朵花，对它说一声："谢谢你。"

积极关注自己的身体，会让我们做出更多有益身心健康的行为，并带来更高的身体满意度和主观幸福感。

第66天

我是大厨师

给自己或家人做顿饭吧。

如果你说，你不会做，你也从来没有做过，那就把你的第一次贡献出来。去学做一道菜，无论怎样，今天让自己或家人饱餐一顿。

记得表扬自己！

会做饭的人，优雅！

第 7 章
我的金钱

小富婆计划
开始咯

第67天

存钱，会上瘾

找一张银行卡或其他电子钱包，从今天开始，每做完一次练习，就往里面转账 _____ 元。

完成全书的练习后，最想给自己买什么？

小金库慢慢鼓,
大快乐偷偷来。

第68天

是时候进行 预算管理 了

查查最近三个月的银行卡账单，平均月支出是 ＿＿＿ 元。
有哪些钱是本不该花的？

接下来这半年，你要把每个月的支出控制在 ＿＿＿ 元。

会管钱的人，往往以"狠人"的姿态驾驭自己的财务命运。管钱不是抠门，而是为了让未来的自己得到更大的自由。

第69天

戒掉**不必要**的消费

购物车里有一些物品是可以不买的。

比如：_____

今天把它们从购物车删掉。

能 **管住手** 的人，
都有非常清醒的头脑。
面对物欲的诱惑，
他也能坚持原则。

第70天

离还清债务又 近了一步

你的贷款有 ＿＿＿＿＿＿＿＿ 元。

目前的贷款利率是 ＿＿＿＿ 。

你是 ☐ 否 ☐ 需要改变还款计划？

如果是，

那你准备怎么做？

＿＿＿＿＿＿＿＿＿＿＿＿＿＿＿＿＿

＿＿＿＿＿＿＿＿＿＿＿＿＿＿＿＿＿

＿＿＿＿＿＿＿＿＿＿＿＿＿＿＿＿＿

＿＿＿＿＿＿＿＿＿＿＿＿＿＿＿＿＿

＿＿＿＿＿＿＿＿＿＿＿＿＿＿＿＿＿

跟昨天的自己 结账

不小看任何 零碎 的坚持。

第71天

人赚不到认知以人外的钱

你最近通过学习、看书、聊天，
学到了哪些管理财务的新知识？

1. _____

_____

2. _____

_____

3. _____

_____

会存钱、会花钱的人，最强大之处在于，有很明确的目标感。他知道自己要什么，也知道什么不适合自己。

第72天
退休计划

你准备 _____ 岁退休。

退休时，你希望存款有_____元。

你现在离这个存款还差_____元。

退休后，你准备用这些钱做什么？

_____

_____

_____

_____

懂得 **自我投资** 的人，
对自我成长有更高的要求。

第73天

紧急基金，应对不安的世界

从今天开始，每周存下 ＿＿＿＿ 元，作为紧急基金，用于应对生活中的突发情况。

钱有时是一个人的**底气**，
关键时刻能保护他的尊严。

第74天
花钱 能买来 快乐

今天请自己好好吃一顿饭吧。

你请自己吃的是 —————————— ，

花了 ____ 元。

花钱 能买来 **快乐**！

第75天

利他。在具体的行动里

今天主动为你爱的人花些钱吧，比如
充值话费、清空购物车或买礼物。

爱出者爱返，
福往者福来。

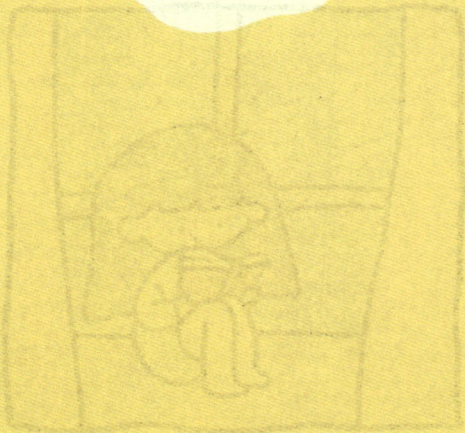

第76天

学习，才能致富

为了提高自己的财务管理能力，

你计划阅读《＿＿＿＿＿》。

掌握规律的人 创造 财富。

第77天
互送礼物

上次找朋友要了一个礼物，这次还一个礼物给他吧。

你想送的礼物是 ＿＿＿＿＿＿ ，

你觉得他收到礼物时，会有 ＿＿＿＿＿＿ 的表情。

礼物是 爱 的行动诗，
无声却能触动心灵。

第 **8** 章

我的包袱

身心断舍离

第78天
控制物欲

今天控制物欲，

除了基本的食品、交通开支，

不花钱。

更**少**占有，更**多**自由。

第79天

不许说 "我"

今天这一天不说以 "我" 字开头的话, 比如 "我觉得" "我认为" "我要" 等。

如果你想说 "我觉得这件事应该这样", 就把这句话变成 "你觉得……这样做这件事可以吗"。如果你想说 "我讨厌你", 就把这句话变成 "你这么做让我很不喜欢"。

今天的训练目的是克服以自我为中心。

当你变得温柔了，
别人对你也温柔了。

第80天

情感减负

今天抽时间做个按摩吧，让身体放松下来，

记得对自己说：

"宝贝，忙了一天，你辛苦啦。"

爱与痛皆是过客，
让心灵回归平静，
拥抱真正的自由。

第81天

慢下来，一切都**美好**起来

让一切都慢下来，特别是让吃饭慢下来。

在细嚼慢咽之中充分享受食物的滋味。

不管遇到多糟心的事情，只要你认真享受一顿美食，再糟心的事情也能过去。如果一顿不够，那就两顿。

第82天

今天，请你们离开我

删除列表中很久不联系的人。

你删了 ＿＿＿＿＿＿ 个。

感觉孤独，可能是因为所谓的朋友太多。当清理了一些无意义的人际关系，自然就知道自己的边界在哪里啦。

第83天
关机，准备读书

关闭手机或把手机放到别的房间，

找一本喜欢的书，

专注地阅读 30 分钟。

翻开书，让 喧嚣 全不见。

第84天
扔掉垃圾

早上出门前，把家里的垃圾都扔掉。

清理，是一种态度；
去杂，是一种力量。

第85天
衣服断舍离

打开衣柜收拾衣服，

把其中三年都没穿过的衣服，捐出或扔掉。

让 **生命** 回归纯粹与轻盈。

第86天
一个苹果的正念觉察

把一个苹果放在手中，仔细观察它，就好像你从来没有见过它一样。

集中注意力仔细看，探索它的每一个部分，用你的手转动它。

看它是什么颜色，表面是否有褶皱，什么地方颜色浅，什么地方颜色深，什么地方有疤痕。

接下来，感觉一下它的硬度、光滑程度。

当你这么做的时候，如果脑海里浮现"我为什么要做这个奇怪的练习？"这类想法，可以让这些想法轻轻飘走，重新把注意力带回到苹果上。

现在把苹果放在你的鼻子下面，仔细地闻它的气味。然后慢慢地咬一大口。

慢慢咀嚼，注意它在你嘴里是怎样跑来跑去的。有汁水流出来吗？是什么味道的？

吞咽时注意感受吞咽的过程，接着感受它经过你的喉咙进入食道，再进入胃里的过程。

吃完后，请你写一写，这次吃苹果与你平时吃苹果相比，感受有什么不同吗？

慢下来，再慢下来，
你会发现生活的美。

第87天
信息排毒

今天，尝试进行一次"信息排毒"。

下班回家后，关掉手机，从晚餐时间到入睡，

不使用手机、电脑等电子设备。

并 **没有** 那么多重要的信息，
需要我们时刻保持关注。

第88天
心愿记录

找一个喜欢的本子，

写下一个近期最想实现的心愿。

如果愿望实现了，

记得回来记录一下愿望实现的感受。

在如梦似幻的想象里，

找回你的**本心**，

你才能真实地面对世界。

第 9 章
我的未来

给自己一个
美好的未来

第89天

立下 小目标

从现在起，给自己立下几个小目标吧。

1. 一年内存款 _____ 元。

2. 一年内阅读 _____ 本书，拓宽视野。

3. 坚持每天晚上 _____ 点睡觉。

4. 坚持每天早晨 _____ 点起床，并运动 10 分钟。

别人相不相信你不重要，
重要的是，
你相信 **你自己**！

第90天

我会变得更强大

翻到《不是心理测试》第 51 页，

测试一下，你的逆袭指数是 —————。

然后告诉自己：

我会变得更强大！

你就是 **与众不同**。

第91天

学习一项新技能

学习一项新技能，你准备学 _____。

今天的 学习 是明天的 自由。

第92天

合理的**时间管理**计划

制订今天的时间管理计划，包括工作、看书、运动和休息的时间。

工作时间

看书时间

运动时间

休息时间

我们无法延长时间，
但可以决定如何 **填充** 它。

第93天
睡前谢谢自己

晚上睡觉前，用右手摸着自己的心脏，看着镜子里自己的眼睛 30 秒。

对镜子里的自己说："感谢你一直陪着我，谢谢你，我爱你。"

说完，抱抱自己。

你跟别人不一样，
正因为这些**不一样**，
才显得你独特，
有个性，有魅力。

第94天
我完全爱我自己

请认真读一读下面这段话。

此时此刻，我完全爱我自己，我满怀着爱拥抱我内心的小孩，我愿意接纳并超越我自己，我有为自己生命负责的能力。

现在，我已经长大，我会精心照顾我内心的小孩，我已经跨越过去的局限和恐惧，我能平和对待自己和生活，我能毫无顾虑地表达自己的感情，我也能接受别人对我的爱和呵护。我喜欢自己，我爱我自己，我能为自己创造美好的未来。

如果你想改变别人，
首先要做的就是 **改变** 自己。

第95天
认识新朋友

制订一个认识新朋友的计划吧。

尝试在路上找一个不认识的、看起来很自信的人聊天。

挑战不可能，就是一种可能，
做不可能的事，你就会变得不一样。
想要变得自信，就去跟自信的人做朋友。

第96天
我要进步

你有什么想要实现的梦想吗？

你准备在 ＿＿＿ 年内成为 ＿＿＿＿＿＿＿ 。

为此，你今年需要做哪些事？

你要为自己的梦想而努力，你的决定不需要别人指手画脚，因为他们没有资格告诉你，你应该成为什么样的人。

第97天
谢谢 你出现在我 生命里

选择一个对你产生较大影响，但你从来没有向他表示过感谢的人。

这个人可以是你的同事、你的好朋友、你的父母等。

写下一段感恩的文字，然后看着他的眼睛，把那段话讲给他听。（面对面的效果更好哦！）

请记住，这不是一场表演，而是发自内心的真诚感恩。

当你以 感恩 的心态去生活时，
你会发现，生活中的一切都改变了。

第98天

生命不能承受之重

写出对你来说最重要的五个存在，比如水、健康、感情。

现在假设一下，如果有一天，因为一些变故，你不得不放弃其中一个，你会放弃哪一个？如果要放弃其中两个，你会放弃什么？

如果最终只能留下一个，你留下的是什么？

人生有三件事，
自己的事，别人的事，老天的事。
自己的事，自己定！

第99天

更美好的自己已经出现

放一段轻柔的音乐，给自己写一封信。

经过99天，全新的自己即将破茧而出。

感谢自己这99天的努力，见证自己的成长。

没有人鼓励你时，

记住，

你还有你自己！